RADIO FREQUENCY INTERFERENCE POCKET GUIDE

射频干扰袖珍手册

[美] 肯尼思·怀亚特 (Kenneth Wyatt)
迈克尔·格鲁伯 (Michael Gruber) / 著

潘小义 冯德军 陈吉源 / 译
王 泉 / 审校

国防工业出版社
National Defense Industry Press

·北京·

著作权合同登记　图字:01-2022-7026号

图书在版编目（CIP）数据

射频干扰袖珍手册／（美）肯尼思·怀亚特
(Kenneth Wyatt)，（美）迈克尔·格鲁伯
(Michael Gruber) 著；潘小义，冯德军，陈吉源译．
北京：国防工业出版社，2024.10. —ISBN 978-7-118-13470-4

Ⅰ. TN911.4-62

中国国家版本馆 CIP 数据核字第 2024BC8475 号

Radio Frequency Interference Pocket Guide by Kenneth Wyatt, Michael Gruber
978-1-61353-219-5

Original English Language Edition published by The IET, Copyright 2015.
All Rights Reserved.

本书简体中文版由 IET 授权国防工业出版社独家出版发行。
版权所有，侵权必究。

※

国防工业出版社 出版发行

（北京市海淀区紫竹院南路 23 号　邮政编码 100048）
北京虎彩文化传播有限公司印刷
新华书店经售

*

开本 850×1168　1/32　印张 2½　字数 33 千字
2024 年 10 月第 1 版第 1 次印刷　印数 1—1500 册　定价 29.00 元

（本书如有印装错误，我社负责调换）

国防书店：(010)88540777　　书店传真：(010)88540776
发行业务：(010)88540717　　发行传真：(010)88540762

射频干扰袖珍手册

射频干扰特征、定位技术、工具和修复方法，及关键方程与数据

**特别感谢我们的
技术审核人员和射频干扰方面的专家：**

David Eckhardt，电磁兼容顾问

Ed Hare，美国无线电转播联盟实验室经理

Kit Haskins，广播工程师

Jon Sprague，美国联邦通信委员会工程师（退休）

Robert Witte，是德科技研发副总裁

译者序

随着科学技术的迅猛发展，各种各样的电子产品丰富了我们的生活，但也带来了一系列的电子干扰问题，如电磁干扰（EMI）和射频干扰（RFI）。

RFI作为一种高频交流电，其形式多种多样，如同信道干扰、邻信道干扰、互调干扰等。RFI带来的危害非常显著，如某些射频强辐射可能使电视机不能收看，或导致铁路自控信号故障，或使通信设备信息中断等，严重的还可能导致飞机飞行指示信号失误而引起航班延误，或造成导弹、人造卫星等发生失控，导致不可挽回的损失。因此，认识、辨识并处理好RFI问题，对电子信息设备具有十分重要的意义。

目前国内专门介绍RFI的专著还不多见，也缺少一本实用便捷的参考书。因此，我们组织翻译了本书，希望能对国内从事相关领域工作的读者有所裨益。

全书的翻译工作由潘小义牵头完成，参与翻译的还有冯德军、陈吉源，最后由王泉完成审校工作。

在翻译过程中我们力求忠实原著，保留原著的写作风格。但由于知识结构和水平有限，对原著的理解难免存在偏差，翻译中肯定会存在一些错误和疏漏，恳请广大读者朋友们不吝赐教，批评指正。如需来信，可发至以下邮箱：mrpanxy@nudt.edu.cn。

潘小义

2024年1月于长沙

目录

- 引言 ··· 1
- 电磁兼容/射频干扰基础 ·· 1
  - 什么是电磁兼容（EMC） ·· 1
  - 什么是射频干扰（RFI） ·· 3
  - 数字信号频谱 ·· 5
  - 发射机谐波 ·· 5
- 频率和波长 ·· 6
  - 电磁频谱 ·· 6
  - 频率与波长（自由空间） ·· 8
  - 隐藏式天线 ·· 8
- 广播频率分配（美国） ·· 10
- 识别射频干扰（RFI） ··· 11
  - 干扰类型 ·· 11
  - 干扰样式 ·· 12
  - 射频干扰声音相关性 ·· 18
- 射频干扰定位 ··· 19
  - 干扰源是在你自己家里还是在附近 ······················· 19
  - 简单测向 ·· 21
  - 电力线干扰定位 ·· 22
  - 窄带干扰定位 ·· 25

- **射频干扰解决办法** ·· 26
  - 滤波 ··· 26
  - 邻域干扰处理 ··· 29
  - 互调干扰处理 ··· 30
  - 对所使用设备干扰的处理 ······································ 31
  - 获取本地帮助（ARRL RFI 技术委员会）······················ 32
  - 向 FCC 投诉 ·· 32
  - 提交给 ARRL ·· 33

- **装配射频干扰定位套件** ··· 33

- **美国联邦通信委员会规则** ······································ 42
  - 第 15 部分（消费类设备）要点 ································ 42
  - 第 18 部分（工业、科学、医疗与照明设备）要点 ··········· 43

- **欧盟（EU）规则** ·· 44
  - 电磁兼容指令 ··· 44
  - 欧盟（EU）辐射限制 ··· 45
  - FCC/欧洲辐射限制 ·· 45

- **常用公式** ·· 45
  - 欧姆定律（公式轮）··· 45
  - 驻波比和回波损耗 ·· 46
  - 差模电流产生的电场 ··· 47
  - 共模电流产生的电场 ··· 47
  - 天线（远场）关系 ·· 48
  - 不同发射机电场功率水平 ······································ 49
  - 使用分贝（dB）··· 49

- **推荐软件** ………………………………………… 54
  - PC 端 ……………………………………………… 54
  - Macintosh ………………………………………… 54
  - iPad/iPhone ……………………………………… 54
  - Android …………………………………………… 55
- **参考资料** ………………………………………… 56
  - 图书 ………………………………………………… 56
  - 杂志 ………………………………………………… 56
  - 有用的网址 ………………………………………… 56
- **生产商和经销商** ………………………………… 57
- **标准组织机构** …………………………………… 58
- **常用符号** ………………………………………… 59
- **术语及定义** ……………………………………… 60

■ 引言

感谢您购买射频干扰袖珍手册。本手册旨在帮助您识别、定位和解决射频干扰。本手册包括一些基本的理论和测量技术,也包含许多非常实用的、方便的参考资料,表格及公式。本手册主要是为无线电爱好者以及商业广播和通信工程师提供支持,以解决各类常见的射频干扰问题。

本手册主要介绍两种干扰定位技术:使用接收机和使用频谱分析仪。对于许多业余无线电爱好者来说,仅使用接收机跟踪干扰源就足够了。然而,对于更复杂的干扰源,频谱分析仪可能是更优选的工具。在使用本手册中的信息时,请始终牢记这一点。

■ 电磁兼容/射频干扰基础

什么是电磁兼容(EMC)

当满足以下条件时,即可实现电磁兼容(EMC):

·电子设备的辐射不会干扰其所处的环境。

·环境不会扰乱电子设备的正常运行,即电子设备不受环境干扰的影响。

·电子设备不会自身产生干扰(信号完整性)。

回顾信号在系统内部和系统之间传播的各种方式,可以看到,信号的能量是通过某种耦合方式从发射源传输到接收器(受体)的,如图1所示。

◆笔记◆

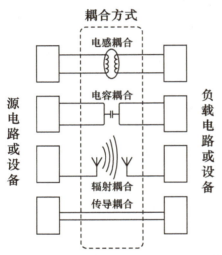

图1　射频干扰与电磁兼容主要的相互作用关系

传导发射(CE):由电子设备产生但通过与其连接的其他导体(如交流电源线)发出的射频能量。

尽管射频能量可以直接传输至接收机,但典型路径也包括这些导体的辐射。

对于大多数电子产品,交流电源连接的

传导发射由美国联邦通信委员会（FCC）监管，因为这种能量可能通过家庭线路进行传导和辐射。在某些情况下，它还可能通过服务入口和公共设施硬件进行传导和辐射。这种更大的电力线导体网络可以比源设备本身更有效地辐射能量，特别是在较低的频率情况下。因此，美国 FCC 仅规定了低于 30MHz 的传导发射限值。

辐射发射（RE）：由电子设备产生并通过辐射发射的射频能量。在美国，FCC 只对超过 30MHz 的电子设备实行辐射排放限制。测量这种能量的场强时，需要将电缆和导线连接到设备上，并按照用户安装的方式放置，或在可能的布置范围内进行操作，具体取决于设备类型。

移除这三者（源、耦合路径或受体）中的任何一个，都将解决 EMC 问题。

什么是射频干扰（RFI）

RFI 由以下原因引起：

· 外部射频电磁辐射（通常为几千赫到几千兆赫）导致电子设备或系统中断。另见缩略语中电磁干扰（EMI）的定义。

· 电子产品、其他发射器或射频能量源干扰无线电接收。

通常情况下，RFI问题与频率相关（数字谐波、开关电源"噪声"或其他发射器），最佳识别方法是使用频谱分析仪，而对于电力线噪声，只需使用便携式调幅（AM）广播或高频（HF）接收器进行识别（取决于干扰信号频率）。虽然电力线干扰通常最好使用"特征分析"（专业RFI研究人员使用的一种时域技术）来识别，但在许多情况下，简单的AM广播接收机或更好的便携式HF接收机也可以帮助识别和定位辐射源。

在高频和较低频率无线电接收中，一种常见的干扰问题涉及消费品的传导发射，以及从导体到接收器天线的辐射发射。在甚高频（VHF）和较高频率下，消费类电子设备也往往存在更多辐射发射问题。

另一种常见的无线电干扰源是电力线噪声，它通常由商用电力线或相关硬件上的电弧引起。在电力工业中有时称为"间隙噪声"，典型的路径通常包括传导和辐射。虽然不太常见，但电源线噪声情况下的路径也可能涉及电磁感应。与通常的看法相反，电晕放电很少是引起电力线噪声问题。

在大多数情况下，解决消费类电子设备传导发射问题的方法是，在源设备上使用铁氧体扼流圈或离散滤波器隔离（或过滤）辐

◆笔记◆

射电缆——请参阅下文的"隐藏天线"部分。但是，纠正电源线噪声问题通常需要修复导致该问题的缺陷，而这是电力公司的份内工作！

数字信号频谱

大多数内部产生的干扰来自快速切换的数字信号或时钟发生器。

图2展示了代表数字电路时钟输出的梯形波形。上升时间 τ_r 和下降时间 τ_f（通常是相同的）越快，干扰谐波的频率越高。例如，10MHz的时钟将会以10MHz间隔产生高阶谐波（如20MHz、30MHz、40MHz……）。当上升时间为1ns（或更少）时，在数百兆赫的频率范围内产生时钟或开关谐波是常见的。请注意，纯正弦波信号没有这些非常快的上升沿，因而也不包含任何谐波能量。

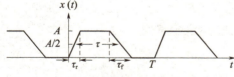

图2　一个典型的梯形数字波形

发射机谐波

因为所有发射机都包含非线性器件，所以往往产生基频谐波。FCC要求谐波和其他杂散低于特定限值。

关于谐波抑制有几种规范，取决于谐波在射频频谱中的位置。例如，第 73 部分（涉及广播服务的 FCC 规则）在大约 5kW 输出功率处有一个频点，要求谐波电平（以 dBc 为单位）不高于 43+log（功率）（以 W 为单位）或 –80dBc（以两者较小者为标准）。对于第 90 部分（地面移动无线通信/寻呼等），则是 –80dBc。业余无线电对谐波能量要求比较宽松。信道频率响应第 97.307（e）部分规定，在 30MHz 以下谐波电平应小于 43dBc，在 30～255MHz 范围内应小于 60dBc。

■ 频率和波长

大多数 RFI 问题发生在 9kHz～6GHz 的范围内。由传导发射引起的问题通常发生在 30MHz 以下，而辐射发射通常发生在 30MHz 以上，因为 30MHz 以上时，线缆往往会成为更高效的辐射器。

电磁频谱

表 1 是国际电信联盟（ITU）无线电频段和电气与电子工程师协会（IEEE）雷达/微波频段划分情况。大多数 RFI 问题位于这些频段。

表1　ITU无线电频段和IEEE雷达/微波频段划分情况

频段	频率范围	波长
VLF	3～30kHz	100000～10000m
LF	30～300kHz	10000～1000m
MF	0.3～3.0MHz	1000～100m
HF	3～30MHz	100～10m
VHF	30～300MHz	10～1m
UHF	300～3000MHz	1m～10cm
SHF	3～30GHz	10～1cm
L	1～2GHz	30～15cm
S	2～4GHz	15～7.5cm
C	4～8GHz	7.5～3.75cm
X	8～12GHz	3.75～2.5cm
Ku	12～18GHz	2.5～1.67cm
K	18～27GHz	1.67～1.11cm
Ka	27～40GHz	1.11～0.75cm

◆笔记◆

　　有关电磁频谱划分的更多详细信息，请参阅以下网址图表：

　　http://www.ntia.doc.gov/files/ntia/publications/spectrum wall chart aug2011.pdf. 注意，这是美国的频谱分配表。

　　其他国家也有类似的分配表。

　　此外，罗德与施瓦茨公司拥有上述图表的高分辨率和"可缩放"版本，内置于其射频干扰猎手（Interference Hunter）——一款 iPad 或安卓应用程序（参见"参考资料"部分）。

频率与波长（自由空间）

自由空间中，电磁波波长与频率之间的对应关系如表 2 所列。

表 2　电磁波波长与频率之间的对应关系（自由空间）

频率	波长	1/4 波长	1/2 波长
10Hz	30000km	7500km	15000km
60Hz	5000km	1250km	2500km
400Hz	750km	187.5km	375km
1kHz	300km	75km	150km
10kHz	30km	7.5km	15km
100kHz	3km	750m	1.5km
1MHz	300m	75m	150m
10MHz	30m	7.5m	15m
100MHz	3m	75cm	150cm
300MHz	100cm	25cm	50cm
500MHz	60cm	15cm	30cm
1GHz	30cm	7.5cm	15cm
10GHz	3cm	0.75cm	1.5cm

隐藏式天线

需要理解的一个重要概念是电磁辐射结

构的电气尺寸。电磁兼容工程师经常将所有能够辐射电磁能量的辐射体都称为"天线",无论它是真实天线还是其他辐射体,如电缆或电路板走线。电磁波可用波长(λ)进行表示。

在无损介质中(自由空间):

$$电磁波波长 = \lambda = v_0/f$$

式中:v 为电磁波传播速度;v_0 为光速;f 为频率(Hz)。

自由空间中 $v=v_0 \approx 3\times 10^8$ m/s(约等于光速),也可以表示为 1.86×10^5 mile/s 或 3×10^5 km/s。

自由空间中,便于记忆的波长公式:

$$\lambda(\mathrm{m})=300/f(\mathrm{MHz})$$

或

$$\lambda(\mathrm{ft})=984/f(\mathrm{MHz})$$

注意:实际传播介质中电磁波的传播速度小于自由空间的速度。

自由空间中,有

$$\lambda/2(\mathrm{ft})=492/f(\mathrm{MHz})$$

物理半波偶极子天线中,有

$$\lambda/2(\mathrm{ft})=468/f(\mathrm{MHz})$$

在识别可能成为干扰源的消费类或工业产品或系统的潜在辐射结构(即所谓的"隐藏天线")时,这一点变得非常重要。这些结构可能包含：

- 电缆（I/O 或电源）；
- 屏蔽外壳中的接缝 / 槽；
- 外壳孔径；
- 粘合不良的钣金（外壳）；
- 内部互连电缆；
- 与被测设备（EUT）连接的外围设备。

例如，当电缆或槽接近某特定频率的 1/2 波长（或整数倍）时，它就成为射频干扰的有效发射或接收天线。可参照前述"频率与波长"图表寻求帮助。解决方案可能是在电缆上安装铁氧体扼流圈或过滤器，并密封外壳接缝中的槽。

■ 广播频率分配（美国）

调幅广播：540～1710kHz，以 10kHz 步进。

调频广播：FCC 201 频道（88.1MHz）至 300 频道（107.9MHz）。频道频率每奇数十分之一兆赫增加一次。

电视广播（所有频道带宽均为 6MHz）：

甚高频（VHF）频段：频道 2（54～60MHz）至频道 6（82～88MHz）和频道 7（174～180MHz）至频道 13（210～216MHz）

超高频（UHF）频段：频道 14（470～

476MHz）至 36（602～608MHz）和频道 38（614～620MHz）至频道 51（692～698MHz）

注：频道 37（608～614MHz）预留给射电天文学使用。在一些地区，频道 14～20 已被分配用于陆地移动无线电通信。

■ 识别射频干扰（RFI）

干扰类型

干扰可以分为两个大类。

窄带干扰：主要是连续波干扰信号或调制连续波干扰信号。此类干扰主要包括晶体振荡器或其他快上升时间电子设备、同信道传输、相邻信道传输、互调产品等产生的谐波。该类干扰在频谱分析仪上显示与特定频率相关联的窄垂直线或稍宽的调制垂直频带，如图 3 所示，这类似于接收机中的一个单频音频信号。

宽带干扰：主要包括开关电源谐波、电力线电弧、宽带数字通信或商业广播传播，如军用扩频通信，Wi-Fi 或数字电视。该类干扰在频谱分析仪上显示宽频带信号或增强的噪声基底，如图 3 所示。电源线或开关电源谐波在接收机中听起来像"嗡嗡"声或刺耳的"嘶嘶"声。

◆笔记◆

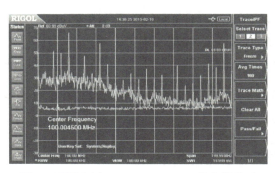

图 3 谱图实例：9kHz～200MHz 的窄带谐波（垂直峰值）叠加在宽带干扰上（宽范围的增强噪声基底）

干扰样式

下面描述最常见的干扰样式。

同信道干扰：多个发射机（或数字谐波）信号使用或处于同一频道。

邻（信）道干扰：相邻信道的发射机信号能量溢出到期望信道。

互调干扰：当两个或两个以上发射机的信号能量混合在一起产生的杂散频率和接收信道所需频率相等时发生互调干扰。最常见的是发生在相邻接收机的 3 阶谐波，如调频广播强信号区发生的互调干扰。

发射机或接收机附近的两块金属之间的腐蚀可能会导致强烈的相互作用，一些学者称其为"生锈螺栓效应"。该效应产生了一个非线性结，它可以由单个发射机产生并重新辐射谐波，或者从两个或更多的发射机产生互调信号。用橡胶锤或大的绝缘螺丝刀敲打有问题的接头/结/铁丝网/拉紧的地面编织层也会产生相互作用。敲打会改变腐蚀结的接触，并改变混合射频，可以观察到受扰接收机射频干扰的变化或频谱分析仪中频率的变化。幸运的是，这是一种罕见的短期现象。

下式给出了互调干扰数学计算的一个例子：

$$n(f_1) \pm m(f_2)$$

式中：n 和 m 是整数；f_1 和 f_2 是干扰信号的频率。如果 m 和 n 的和是奇数（例如，2 和 1，3 和 2，3 和 4 等），互调干扰的频率就接近有用信号。如果 m 和 n 的和是 3，称为 3 阶互调干扰。其中阶数越高（例如，3 阶和 2 阶），振幅中的失真积越小，因此主要关注的是 3 阶互调干扰。

接收机互调干扰也存在一个问题，特别是那些在中继站或蜂窝站，缺乏能够最大限度减少多余射频进入射频前置放大级的选择滤波预处理。这在一个接收器分配放大器上有多个接收器的集群站点（陆地移动无线电（LMR）、蜂窝）中非常常见。该问题可以通

◆笔记◆

过在接收机中增加衰减器或非常窄的带通滤波器来解决。

基本接收机过载：一个功率大、频谱纯净的发射机可以轻松地使接收器前端或其他电路过载，造成干扰甚至抑制（或掩蔽）正常的接收信号。一个常见的例子是寻呼发射机干扰业余甚高频接收机。其他类型的电子设备也可能遭受基本过载，如音频放大器、报警系统等

电力线噪声：这是一个相对常见的宽带干扰问题，通常是由电力线和相关公用设备的电弧引起。与常见的认知相反，它很少由电晕放电引起。在调幅接收器里电力线噪声发出刺耳的嗡嗡声。干扰可以从调幅广播波段以下非常低的频率延伸到高频频段，这取决于信号源的接近程度。如果离信号源足够近，它可以延伸到甚高频（VHF）和超高频（UHF）甚至更高。

消费类设备：用于消费产品的开关电源是一种非常常见的干扰源，另一种是照明设备，例如新型 LED 灯。等离子电视、电栅栏、隐形狗栅栏、暖通空调设备和 Wi-Fi 路由器也是常见的干扰源。根据美国联邦通信委员会（FCC）的规定，造成无线电干扰的设备分为多种类型：

◆ 笔记 ◆

（1）FCC 第 15 部分设备：

·附带散热体：一种在运行过程中产生射频能量的设备，这些设备在设计时未考虑到射频能量，如电机、调光器或电灯开关。在附带散热器中，电线和相关的硬件设备是常见的干扰源。

·无意辐射体：能够产生仅供设备内部使用但不向外辐射射频能量的设备。例如，时钟或无线电接收机本振。

·有意辐射体：故意产生和发射射频能量的装置。常见的有意辐射体有远程车库遥控器或 Wi-Fi 路由器。这些都难以对业余无线电造成干扰，除非设备在业余无线电波段内工作。

·载波电流设备：通过电力线传导射频能量的系统。

（2）FCC 第 18 部分设备：

·射频照明设备，如植物生长灯或其他电子镇流器以及照明控制器。

·感应烹饪/超声波设备。这些设备很少对业余无线电造成干扰。

对于未知射频干扰源，最重要的处理原则是：找到它，而不是一定要知道它是什么。即不要浪费大量时间去分析干扰源的声音特性或尝试将其与其他设备相匹配。这是人们面对来自消费设备的未知无线电干扰源时，常犯的一个错误。

据统计，向美国无线电转播联盟（ARRL）报告的最常见问题就是未知干扰源。对于知道来源的干扰，报告的最常见问题是电力线噪声，其次是消费者设备（要么在投诉人的家里，要么在附近的住宅里）。

其他辐射设备：有几种类型的发射器通常会引起射频干扰。

·双向或陆地移动无线电：接收机通带内的干扰会影响调幅、调频或单边带（SSB）调制。强干扰调频信号可能导致"捕获效应"，或覆盖所期望的接收信号。

·寻呼机：寻呼机通常产生非常强大的调频信号或数字信号，如果它们的频率落在或接近接收机通频带，干扰就会很明显。数字寻呼机声音很刺耳，像电锯的嗡嗡声，并可能在较大的接收带宽内产生干扰。由甚高频寻呼发射机引起的互调失真和邻近信道过载在调谐到业余2m波段和甚高频LMR接收机中可能会出现问题。这种互调可能发生在发射机站点，也可能发生在受影响的接收机过载前端。幸运的是，大多数甚高频寻呼发射机改用了929/931MHz频率对，所以不存在之前面临的问题了。

◆ 笔记 ◆

·广播发射机：广播发射机产生的干扰具有类似于其广播——调幅、调频、视频载波或数字信号的调制特性。视频或数字干扰信号听起来是刺耳的声音或嗡嗡声。无线电广播还使用 161MHz、450MHz 和 455MHz 频段的远程中继（RPU）移动通信车连接回演播室。一些用于连接链路的设备也会产生射频干扰，但此类情况通常极少且时间极短。

有线电视：有线电视系统的信号泄漏通常发生在特定的频道上，其中许多信道与现有的无线通信信道重叠。例如，有线电视模拟频道 18 的信号泄漏会对波长为 2m 的业余无线电频道造成干扰。当泄漏信号位于模拟电视信道时，干扰通常发生在可见载频上，因为这时电视信道的大部分功率集中在该频段。例如，在 2m 波段，有线电视 18 频道的可视载频为 145.25MHz。如果泄漏信号处于数字信道，那么干扰将类似于宽带噪声（数字电缆信道带宽约为 6MHz）。另外一个问题是难以确认从电缆系统泄漏出来的噪声干扰是电视信号，还是其他信号。

在中频（MF）和高频频段有几个类似宽带噪声干扰的实例，最初被认为是电缆调制解调器上游数字信号的泄漏。进一步调查发现，噪声通常来自第 15 部分或类似的设备，

◆◆笔记◆◆

与电缆系统泄漏无关。噪声通过有线电视和电话线之间以及电力公司中性线之间的电气规范连接到有线电视线路。

无线网络干扰：对无线网络（Wi-Fi、蓝牙等）的干扰已超出本指南的范围，但可在"参考资料"部分找到一些软件工具来识别干扰并优化这些网络。实时频谱分析仪也非常适合识别这类干扰。

其他干扰源（静电放电、闪电、浪涌）：通常不归为"射频干扰"，干扰源如静电放电（ESD），附近的闪电和电力线浪涌会干扰无线电通信。幸运的是，这些都是短暂的事件。ESD会改变电子器件的状态或模式，或使处理器复位。电力线的浪涌会对无线电设备造成损害，因此建议使用外部的电力线滤波和瞬态保护装置。

射频干扰声音相关性

射频干扰的解调方式：使用频谱分析仪的解调器/鉴别器恢复的音频包括音调、口哨声，以及烦人的滴答声。这也取决于提供给频谱分析仪的解调器/鉴别器的分辨率带宽（RBW）设置。同时，解调器也可以用来验证调幅或调频发射机的类型。

识别数字通信模式：有关识别特定数字

◆ 笔记 ◆

传输模式声音的更多信息，可访问以下网站：www.kb9ukd.com/digital/。

◆笔记◆

■ 射频干扰定位

如前所述，据统计，向 ARRL 报告的绝大多数干扰投诉都是由消费者设备的射频辐射或电力线噪声引起的，很小部分投诉是由其他问题引起的，如互调失真或有线电视能量泄漏。在大多数情况下，由于电力线噪声或附近的消费设备对业余无线电接收的干扰，最好使用便携式接收器，而不是频谱分析仪来定位。尽管一开始并不需要知道来源是什么，但知道如何区分噪声类型有助于及时提供解决方案。

干扰源是在你自己家里还是在附近

消费类设备： 为了定位家里的消费类设备，在听电池供电的收音机存在的干扰时候，暂时关掉家中的主断路器。如果噪声源在家里，噪声就会消失。然后可以通过一次断开一个断路器的方式，直到噪声消失。一旦知道了线路，就可以一次拔掉线路上的一个设备以识别噪声源。不要忘记使用不间断电源（UPS）或电池供电设备，它们可以继续为计算机或其他设备供电。你可能需要手动禁用类似 UPS 设备。

电灯开关或交流插座故障： 另一个间歇性电弧型射频干扰的潜在来源可能是破损或损坏的电灯开关或交流插座上的电弧线。

如果家里检查正常，请使用便携式或移动式接收器，并确保在自己的住所接收到正常信号。在所有附近的住宅检查信号强度，且当接近潜在信号源时降低接收器的灵敏度。当接近信号源时，在天线和接收机之间插入一个阶跃衰减器可以很方便地控制接收机过载。假设源设备满足适用的 FCC 辐射限制，它将位于几百英尺内。通常情况下，它也会与出现干扰的接收器位于同一电力变压器二次系统上。当消费者设备造成干扰时，关于定位住所干扰源的更完整的信息，请参阅 *ARRL RFI Book*。

电力线噪声（PLN）： 有关如何处理电力线噪声问题的信息，请参阅电力线噪声常见问题页面：www.arrl.org/power-line-noise-faq。如果无法确定问题是 PLN 还是消费类设备，可搜索问题："我有射频识别问题。我怎么知道这是电力线的噪声，而不是其他电子设备的噪音？"

定位 PLN 源的最佳办法是通过测向

◆ 笔记 ◆

(DF)。如果电源在附近,某些情况下,可以使用其他方法识别电线杆。当消费设备引起干扰时,可以使用与定位住所干扰源类似的方法进行定位。唯一的区别在于你要定位找寻的是电线杆而不是住宅。无论哪种情况,使用便携式短波或更高频率的收音机,调整为非广播频率下的调幅接收模式。调至你能听到噪声的最高频率。也可以使用带有航空调幅频段的扫描型收音机或带有调幅模式的手持甚高频收音机。当然如果可用,定向天线可以更好地精确定位产生干扰的电线杆;此外,你可能还需要一个射频步进衰减器或射频增益控制器。

简单测向

测向技术:下面介绍两种测向方法。

(1)"平移扫描"法,指的是"平移"一个定向天线并"扫描"出干扰信号,在地图上记录方向,同时记下相交的线。

(2)"冷热"法,指的是使用全向天线观察信号强度。这种方法中,经验法则是每发生 6dB 的变化,与干扰源的距离就会增加 1 倍或减少 50%。例如,如果信号强度在距离干扰源约 1609.344m 处是 −30dBm,那么在 804.672m 以内的距离频谱分析仪上应该读取到大约 24dBm。具体请参考表 6，即 dBm 等与传统通信接收机使用的"S"单位之间的换算关系。

请注意，当跟踪 PLN 到一个特定的功率极点时，可能会得到几个噪声峰值，随着接近噪声源，噪声逐渐增强。

测向系统：虽然可以在车辆上安装无线电测向设备，但如果不介意步行，这是不必要的。市面上有几种自动多普勒溅射系统。一些推荐的系统包括：

· Antenna Authority（移动、固定和便携式）：
www.antennaauthorityinc.com

· Doppler Systems（移动和固定）：
www.dopsys.com

· Rohde & Schwarz（移动、固定和便携式）：
hhttp://www.rohde-schwarz.com

步进衰减器：步进衰减器在测向过程中非常有实用价值。当接近干扰源时，它可以控制信号强度（和接收机过载）。可以在 eBay 等销售网站上购买，也可以通过 DigiKey 等电子产品分销商购买。

电力线干扰定位

对于低频干扰，特别是电力线噪声，干

◆笔记◆

扰辐射路径可能包括沿电力线传导。因此，在使用"冷热法"时，需要注意的是，辐射噪声通常会沿着电力线传播，沿途会出现峰值和谷值。最大峰值通常表示实际的噪声源位置。更复杂的情况是，在很远的地方可能会有几个噪声源。

使用甚高频接收机：如果可能，通常希望使用 VHF 或更高频率实现无线电测向。更短的波长不仅有助于精确定位干扰源，也使得手持天线更小和更实用。

带有可伸缩天线的便携式调幅/短波接收机也可用于追踪附近的消费类设备，特别是在噪声不影响甚高频的情况下，这是更容易测向的方法。利用低成本的卷尺制作简单的无线电测向天线用于噪声定位的方法可在 www.arrl.org/files/file/Technology/HANDSON.pdf 网站上找到。作者还推荐了市场上可用的箭头天线或类似的天线（参见"参考资料"部分）。

特征分析：这是专业 RFI 定位人员使用的一种强大的定位技术。它对定位电力线噪声或消费设备最有用，对一个特定辐射源，它记录的电磁特征是独一无二的。更多有关细节，请参阅电力线噪声常见问题解答页面。

特征分析的典型用途是定位电线杆上的电弧设备。一旦确定了电源线路的电线杆，

◆笔记◆

在电线杆上的干扰源硬件就可以使用超声波定位器从地面上识别出来。参见 *QST* 1998 年 5 月的文章《自制超声波电力线电弧探测器》中的方法制造这样一个精确定位仪。这篇文章也可以在线查询：www.arrl.org/files/file/Technology/PLN/Ultrasonic Pinpointer.pdf。

高频干扰定位：虽然这可能是一个挑战，但可以使用便携式无线电接收器和定向天线来定位高频干扰源。Tom Thompson（W0IVJ）在文章《定位高频射频干扰》(*QST*，2014 年 11 月）中描述了使用的方法。一般测试设置参见图 4。文章链接在 ARRL RFI 网站上。

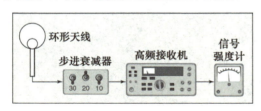

图 4　简易高频测向装置框图

不推荐自己制作天线，推荐商用高频环形天线 Scott Engineering LP-3，它是校准过的，频率高达 15MHz。

ARRL 还提供了 Moell 和 Curlee 合著的《发射器猎手：无线电测向简化》(*Transmitter Hunting：Radio Direction Finding Simplified*)一书。可在"参考资料"部分找到详细信息。

另一篇文章《寻找射频源》(*Hunting Down RF Sources*) 发表在 2015 年 2 月的 *QST* 上（第 45 页），概述了在家中定位射频源的有效方法。参考 ARRL RFI 网站的链接。

窄带干扰定位

对于大多数窄带干扰源，如同信道、相邻信道和互调干扰，推荐的定位工具是频谱分析仪，因为它允许在特定的频率信道或频带上"归零"，并看到所发生情况的"局部放大图"。一旦干扰信号被识别，分析仪就可以定位信号。

频谱分析仪的使用：谱分析仪显示射频信号的频率和振幅。它可以帮助确定干扰信号的类型和频率，特别是窄带干扰。有两种类型的分析仪：扫频调谐和实时的分析仪。

扫频调谐分析仪基于超外差原理，使用可调谐本振，可以显示运行所需的带宽。它用于显示常数或接近常数的信号，但由于扫描时间长，所以难以捕获短暂的间歇信号。

实时分析仪使用数字信号处理技术对频谱的一部分进行采样，以分析所捕获的频谱。它能够捕获短暂的间歇信号，对于识别和定位不会出现在扫频分析仪上的信号非常理想。大多数实时带宽上限为 27～500MHz。Signal Hound BB60C 和 Tektronix RSA306 都是相对便宜的实时频谱分析仪,采用 USB 供电,使用计算机进行控制和显示。

关于频谱分析仪的使用,需要注意,由于它有一个未调谐的前端,因此特别容易受到可视范围内高功率发射机的影响。这可能会导致内部互调干扰(伪响应)或错误的振幅测量,非常容易产生错误显示。当在"强射频辐射"环境中使用频谱分析仪时,重要的是在感兴趣的频率使用带通滤波器或调谐腔(如双工器)。

频谱分析仪还可用于分析商业广播、无线和陆地移动通信系统。对于无线或间歇干扰,实时分析仪效果最好。如果用于跟踪 PLN,最好将分析仪置于"零跨度"模式,观察振幅变化。将分析仪置于"行同步"也有帮助。

需要确保所使用的任何分析仪不会在所关注的频段产生干扰信号。如果使用便携式计算机和基于 USB 的分析仪,由于计算机会产生强烈的信号,可能会掩盖射频干扰或混淆识别。

■ 射频干扰解决办法

滤波

消费品或家用电器:许多射频干扰可以

通过在干扰的消费品或 I/O 音频、扬声器和电源线连接上安装低通（或铁氧体）滤波器来减轻（图5）。电话线也可以使用这种技术进行滤波。

图5　较大的用于 I/O 或电力线滤波的铁氧体环形铁芯

商用交流线路滤波器（图6）可以安装在可能引入电力线干扰的设备上。如果自制，则要确保使用正确额定电压的元件（通常为 1.5kV 的额定电容器）。

图6　可以添加到产生电力线干扰设备上的典型交流线路滤波器

◆▶笔记◀◆

发射机和接收机：频谱分析仪可用来检查发射机的谐波含量、频率稳定性和调制的质量。具体细节请参阅《美国无线电转播联盟 RFI 手册》(*ARRL RFI Book*)。通过传声器（或其他 I/O 电缆）发生射频耦合的一个简单解决方案是在该电缆上使用夹式铁氧体扼流圈（图7），将其固定在产品外壳附近。对于高频应用，可能需要一个环形磁芯。铁氧体磁芯和扼流圈可从 Amidon，Fair-Rite，Laird，Würth Electronics 和其他公司获得（参阅"参考资料"部分）。

◆笔记◆

图7 夹紧式铁氧体扼流圈样品

如果附近接收到强烈的信号干扰（特别是在发射机端点），安装一个调谐到接收频率的带通滤波器可能是解决方案。对于 VHF 或 UHF，一个调谐到接收频率的剩余调谐腔或双工器是一个不错的解决方案。

表3是典型铁氧体类型及其对应的频段、使用的材料和推荐的用途。

表3 典型铁氧体类型及其对应的频段、使用的材料和推荐的用途

铁氧体类型	频段/MHz	材料	推荐用途
31	1～500	MnZn	电磁干扰抑制
43	20～250	NiZn	电磁干扰抑制
61	20～200	NiZn	干扰抑制和宽带变压器
64	400（峰值）	NiZn	最适合在VHF和UHF中使用
73	25（峰值）	NiZn	HF中的通用材料
75	6（峰值）	MnZn	调幅广播干扰和160m波长干扰

资料来源：信息由费尔里特产品公司提供。

邻域干扰处理

当干扰源位于附近的住宅时，礼貌地与邻居交流。可以为邻居打印以下网址小册子，www.arrl.org/information-for-the-neighbors-of-hams，并做适当的说明。建议带着收音机接近他们，最好是一个AM广播接收机，当你敲门时，让接收机正常接收噪声。让邻居听到，但声音不要太大。告诉邻居你所做的事情，

◆笔记◆

并且说明噪声源可能在他们家里。不要暗示你认为的原因是什么,因为如果你错了,事情往往会变得更糟。给邻居看信息表,告诉他们只需要 1min 就能解决。

重要提示: 最近,非法的(在一些州是合法的)室内水栽大麻种植活动激增。它们通常使用高功率照明,使用不合规的电子镇流器(基本上是开关模式电源),这会产生大量的干扰。如果怀疑可能是这样,最好联系 FCC,而不是直接与所有者对峙。

互调干扰处理

要确定是否是互调干扰,请进行下面的衰减器测试。增加固定的衰减量,如 10dB,如果信号随着衰减量的增加而下降,那么它就不太可能是互调(IM)干扰。然而,如果它下降的比预期的数量多,它可能是互调干扰。例如,向接收机添加 10dB 衰减器可以使互调失真(IMD)干扰降低 30dB。这种情况下通常可在无线电上安装一个滤波器,以降低射频增益,或者增加接收器的衰减。

对于商业通信应用,增加一个互调面板(IM Panel)可以解决互调干扰问题,该面板由一个射频隔离器/循环器组成,具有多级结构,然后用一个低通滤波器来消除隔离器/

◆ 笔记 ◆

循环器的谐波。这通常是在大多数商业射频站点发射机需要的。即使是这些站点的业余中继器也不能免除当地站点管理政策的限制。IM 面板效果突出，建议在有多个发射机的地方使用，无论它们是否在不同的频段。

对所使用设备干扰的处理

设备的常见问题是对接收器的干扰信号具有敏感性。大多数干扰来自窄带谐波的单频信号、附近发射的衰减信号或宽带噪声（电力线、开关模式电源、照明设备等），某些情况下，尤其是在频率低于 100MHz 的情况下，可能表现为接收机的一般噪声基底增加。

可能导致射频干扰的一个最常见的消费设备是开关模式电源。在这种情况下，整个频谱中干扰通常表现出一种有规律且重复的峰值和谷值。峰值通常间隔在 30～80kHz，更宽的间隔也是可能的。它们通常会随着时间的推移而略有漂移。

通常的补救办法是在干扰设备的 I/O 或电源线上增加滤波器，或将干扰源与被干扰设备分开。然而，对于电力线噪声唯一的解决办法是从源头解决问题。这部分工作需要公共事业公司完成。

◆笔记◆

获取本地帮助（ARRL RFI 技术委员会）

在 *ARRL RFI Book* 的第 18 章中描述了成立本地委员会的建议。如果你想看看是否有任何本地的帮助，可联系 ARRL 区域经理（SM），名单列表在 *QST* 的第 16 页。当地的 ARRL 附属业余无线电爱好者俱乐部也是另一个可能的本地帮助的来源。

向 FCC 投诉

根据联邦法律，联邦通信委员会在涉及干扰无线电通信问题上拥有管辖权。向 FCC 提交干扰投诉包括：

· 通过电子邮件访问消费者帮助中心 http://consumercomplaints.fcc.gov。有关干扰投诉的具体信息，包括用于提交在线投诉的链接，也可从以下网站获得：https://consumercomplaints.fcc.gov/hc/enus/articles/202916180-Interference-with-Radio-TV-and-Telephone-Signals。

· 拨打电话 1-888-CALL-FCC（1-888-225-5322）。对于 RFI 对公共安全系统的影响，FCC 的反应非常迅速。

· 邮寄到下列地址。一定要包括投诉人的姓名、地址、联系方式和尽可能多的投诉细节：

Federal Communications Commission
Consumer and Governmental Affairs Bureau
Consumer Inquiries and Complaints Division
445 12th Street，S.W.
Washington，DC 20554

提交给 ARRL

大多数涉及业余无线电的射频干扰和电力线噪声投诉都是通过 ARRL 使用合作协议流程提交的。有关详细信息，请参阅电力线噪声 FAQ 页面。网址为 www.arrl.org/power-line-noise-faq。

■ 装配射频干扰定位套件

最后，您可能希望组装一个工具包来定位、评估和解决 RFI 问题。请参阅本指南的"生产商和经销商"部分获取网站链接。

便携式接收机：低成本的 AM 或 AM/SW 广播接收机是电力线干扰和消费设备的好工具（图 8）。最佳选择是包括信号强度指示器、宽中频（IF）滤波器和射频增益控制的接收机。

首先调整为非广播频率下的调幅接收模式。一般来说，人们总是希望在最高的频率

图 8 Grundig "Mini-400" AM/FM/SW 接收机仅为 40 美元（在撰写本书时），是一个低成本的电力线噪声探测器

上能够听到噪声或使用定向天线。随着接近噪声源，通常会在越来越高的频率上听到噪声（或称"杂音"）。因此当接近噪声源时，可以逐渐把短波或 VHF/UHF 频段上调至更高的频率，以便更好地确定噪声源的位置。一旦能在业余 2m 波段听到噪声，可用有 3 个或 4 个阵元的手持八木天线定位信号源。德胜 PL-360 AM/FM/SW 接收机的独特之处在于，其信号强度计以 dBμV 校准（图 9）。

图 9 德胜 PL-360AM/FM/SW 便携式接收机，售价约为 50 美元（撰写本书时）。这个套件包括一个非常敏感的"环杆"定向 AM 天线

带调幅航空频段的便携式甚高频接收机也可用于定位来自特定电线杆的商业电力线噪音。大多数业余甚高频手持式收发机也有 AM 模式。如果接收机包含一个外部天线连接，从而可以连接定向天线，那将是一个优势。

频谱分析仪：低成本的扫频频谱分析仪可能包括 RF Explorer（图 10）、Rigol DSA815（图 11）或 Thurlby Thandar PSA2702T（图 12）。也可以在 eBay 或其他二手设备经销商的网站上买到好的二手设备。

对于间歇性干扰（特别是商业通信安装装置），实时频谱分析仪有能力捕获这些短暂的信号，有些短至几微秒。低成本的装备包括 Tektronix RSA306（图 13）或 Signal Hound BB60C（图 14）。

◆ 笔记 ◆

图 10　RF Explorer WSUB3G 频谱分析仪，覆盖 15MHz～2.7GHz，成本仅为 269 美元（撰写本书时）

图 11 Rigol DSA815 是一款价格合理的频谱分析仪，覆盖 9kHz～1.5GHz。成本仅为 1295 美元（在撰写本书时）。（图片由 Rigol Electronics 提供）

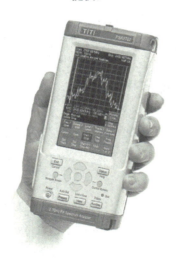

图 12 Thurlby Thandar PSA2702T 是一款价格合理的便携式频谱分析仪，覆盖 1MHz～2.7GHz。在撰写本文时，赛利格（Saelig）或纽瓦克电子公司（Newark Electronics）的售价仅为 1695 美元（图片由 Thurlby Thandar Instruments 提供）

图13 Tektronix RSA306 USB 控制的实时频谱分析仪覆盖 9kHz ～ 6.2GHz，实时带宽为 40MHz。成本为 3489 美元（撰写本书时）

图14 Signal Hound BB60C USB 控制的实时频谱分析仪，覆盖 9kHz ～ 6GHz，实时带宽为 27MHz。费用为 2879 美元（撰写本书时）（图片由 Signal Hound 提供）

对于干扰较严重的位置，罗德与施瓦茨公司生产的一个便携式系统（图15），可以快速识别大多数干扰源，也可以使用内置的地图功能和天线中的全球定位系统（GPS）/罗盘对干扰源进行三角测量。几种固定式、移动式或便携式天线可用于不同的频段。

图15 罗德与施瓦茨公司的R&S®PR100自定义频谱分析仪含绘图／三角测量功能和R&S®HE300天线（照片由罗德与施瓦茨公司提供）

纳达公司也有类似的干扰分析仪，型号IDA2具有32MHz的实时带宽和9kHz～6GHz的频率范围。

特征分析仪：这是一种时域干扰定位仪器，能分析出干扰信号的明显特征。它包括Rodar Engineers生产的仪器（图16）。它是解决电力线噪声和消费设备噪声的最佳解决方案。

图16 Rodar Engineers 设计的信号分析仪，频率从 500kHz～1GHz，显示特定干扰源的电子信号。专业调查人员用这种接收器追踪电力线噪声
（照片由 Rodar Engineers 提供）

天线： 对于简单的电力线噪声定位，一个带有内置环杆天线的 AM 广播波段收音机，或一个带有伸缩天线的短波收音机就能工作得很好。然而，为了追踪电力线噪声到源头，特别是无线电测向定位其他干扰源，需要使用更高的频率。一种简单的定向八木天线，如前面描述的"卷尺"天线或带有三段式臂架（www.arrowantennas.com）的 Arrow Ⅱ 146-4BP（图17），可以快速组装并连接到一段较短的管道上，很好地接收射频信号。此外，天线可以拆卸并存放在一个袋子中。

还有图18中肯特电子（www.wa5vjb.com）提供的低成本（在撰写本文时不到30美元）PC板对数周期天线，其频率范围在多个频段，从400MHz起。

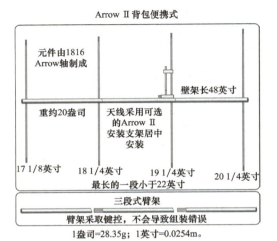

图17 Arrow 天线模型示例 Arrow II 146-4BP
（图片由 Arrow 天线提供）

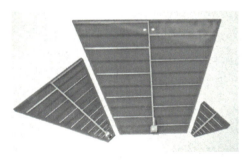

图18 肯特电子生产的更大的 PC 板对数周期天线，覆盖 400～1000MHz，成本低于 30 美元（撰写本书时）

步进衰减器：步进衰减器在辐射源定位过程中是很有价值的。当接近干扰源时，可以控制信号强度和接收机过载。(最好的步进间隔是 10dB, 范围至少有 80dB)。步进衰减器可以在 eBay 等销售网站上购买, 也可以通过 DigiKey 等电子产品分销商购买。商业来源包括 Narda Microwave、Fairview Microwave、Arrow 等。ARRL 也有自己制作的指南, 链接: www.arrl.org/files/file/Technology/tis/info/pdf/9506033.pdf。

铁氧体铁芯和扼流圈: 通常(但并非总是)可以通过在离射频源最近的电缆周围固定铁氧体扼流圈来减小电缆上的射频电流。添加一些不同尺寸的扼流圈将更加有利于减小射频电流。在高频使用时, 最好使用型号 31 (2.4 英寸) 大环形铁氧体铁芯或具有多匝数的类似材料。这是一种常见的解决消费设备中干扰或解决来自消费设备中干扰的方法。铁氧体环和夹紧式铁氧体一般在高频下无效。

交流线路滤波器: 摩根制造的 475-3 滤波器 (www.morganmfg.us) 能够有效解决各种传导发射问题。

其他: 在故障排除期间, 胶黏剂铜带也可用来临时密封外壳接头。这种一卷一卷的胶带可以以每卷 30 美元 (撰写本书时) 或更贵的价格从电子产品经销商处购买。在园艺中使用的"蜗牛胶带"(在撰写本书时不到 10

◆▶笔记◀◆

美元）可能会被取代。这种胶带可以在园艺商店或亚马逊网站上找到。注意别让胶带锋利的边缘割伤了自己。

铝箔也可以作为一种方便的故障排除工具，用于包裹干扰产品，以评估额外的屏蔽是否有帮助。请注意，铝箔在屏蔽电力线辐射或传导辐射时不是那么有效。

最后，电容、电阻、电感和共模扼流圈的选择对于将滤波应用于 I/O、麦克风和电源线电缆是有用的。

◆ 笔记 ◆

美国联邦通信委员会规则

第 15 部分（消费类设备）要点

美国联邦通信委员会（FCC）只规定了产品辐射的限制，没有豁免要求。第 15 部分讨论了几乎所有可能导致有害干扰的电子和非电子设备，包括数字设备和非数字设备。

在第 15 部分中有四种类型的设备：无意发射设备、偶发发射设备、有意发射设备和载波电流散热器。包括信息技术设备（ITE），如计算机、打印机和相关设备。还包括大多数消费品，有个别例外，尽管大多数消费类设备可能会导致射频干扰问题。

参考资料包括：

§15.103 免除设备。

§15.109 场强限制。描述无意的散热器，即工作频率大于9kHz的大多数电子消费设备。

§15.107 导电限制。描述无意的散热器，即工作频率大于9kHz的大多数电子消费设备。

§15.19 标签要求。

§15.21 给用户的信息。

注：在第15部分中，并没有规定偶发散热器的辐射限制。然而，与所有第15部分和第18部分的消费者设备一样，未规定辐射限制的设备操作不得对有执照的无线电服务造成干扰。如果出现这种情况，那么纠正问题的责任就落在设备操作人员身上。

第18部分（工业、科学、医疗与照明设备）要点

ISM（工业、科学和医疗设备）直接将射频转换成其他形式的能量。例如：微波炉将射频转换成热量；超声波珠宝清洗机和加湿器将射频转换成超声波（机械能）；射频照明设备将射频转换为光，报告的射频干扰的主要来源包括电子荧光灯镇流器，特别是用于室内水培农场的大型种植灯。其中一些已经被测量到超过FCC辐射限制相当大的额

度。紧凑型荧光灯（CFL）是另一种第 18 部分的消费类设备，但 ARRL 没有收到过很多相关投诉。

参考资料包括：

§18.305 场强限制。描述了一些消费类设备，其中第（c）段专门讨论了射频照明设备。

§18.307 传导限制。描述了电磁炉等炉灶设备、第 18 部分消费类设备、射频照明设备等。

§18.213 给用户的信息。第（d）段提到射频照明设备。

■ 欧盟（EU）规则

电磁兼容指令

所有欧盟进口或生产的电子产品必须符合 EMC 指令的要求。符合这一要求的产品都有 CE 标签。EMC 指令规定产品不能干扰环境，环境也不能干扰产品。这可以通过测试产品是否符合相应的 EMC 标准或通过对产品进行工程分析，并将结果记录至产品技术文档加以证明。世界上大多数国家都希望产品能达到同样的要求。注意：业余无线电器材、国产电子器材除外。

EMC 指令既包含了辐射，也包含了豁免

要求。

欧盟（EU）辐射限制

一般来说，居住环境的辐射限制较多，工业环境的限制较少。另一方面，在欧盟和其他国家，对工业环境的豁免限制通常更为严格。

FCC/欧洲辐射限制

FCC（第15部分）和欧盟国际无线电干扰特别委员会（CISPR）的限制非常相似，但并不完全相同。

■ 常用公式

欧姆定律（公式轮）

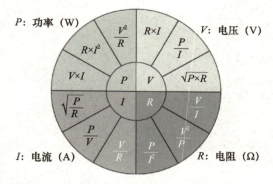

图19 欧姆定律"公式轮"用于计算电阻（R）、电压（V）、电流（I）或功率（P）（给定其中两个值，即可获得其他两个值）

驻波比和回波损耗

◆笔记◆

正向/反向功率时驻波比（VSWR）为

$$\text{VSWR} = \frac{1+\sqrt{\dfrac{P_{\text{rev}}}{P_{\text{fwd}}}}}{1-\sqrt{\dfrac{P_{\text{rev}}}{P_{\text{fwd}}}}}$$

给定反射系数时驻波比为

$$\text{VSWR} = \frac{1+\rho}{1-\rho}$$

式中 ρ——反射系数。给定源和负载阻抗 Z_1、Z_2（单位为 Ω）时，有

$$\rho = \left| \frac{Z_1 - Z_2}{Z_1 + Z_2} \right|$$

给定正向/反向功率的反射系数 ρ 时，有

$$\rho = \sqrt{\frac{P_{\text{rev}}}{P_{\text{fwd}}}}$$

正向/反向功率的回波损耗为

$$\text{RL(dB)} = 10\log\left(\frac{P_{\text{fwd}}}{P_{\text{rev}}}\right)$$

驻波比的回波损耗为

$$\text{RL(dB)} = -20\log\left(\frac{\text{VSWR}-1}{\text{VSWR}+1}\right)$$

反射系数的回波损耗为

$$\text{RL(dB)} = -20\log(\rho)$$

正向/反向功率的失配损失为

$$\text{ML(dB)} = 10 \log \left(\frac{P_{\text{fwd}}}{P_{\text{fwd}} - P_{\text{rev}}} \right)$$

反射系数的失配损失为

$$\text{ML(dB)} = -10 \log (1 - \rho^2)$$

差模电流产生的电场

$$|E_{D,\text{max}}| = 2.63 \times 10^{-14} \frac{|I_D| f^2 Ls}{d}$$

式中　I_D——面积为 A（m^2）的环内差模电流；

　　　f——频率（Hz）；

　　　L——环长（m）；

　　　s——环距（m）；

　　　d——测量距离（3m 或 10m，典型值）。

假设回路电性很小，而且是在反射表面上测量的，则

共模电流产生的电场

$$|E_{C,\text{max}}| = 1.257 \times 10^{-6} \frac{|I_C| f L}{d}$$

式中　I_C——长度为 L 的导线中的共模电流；

　　　f——频率（Hz）；

　　　L——导线长度（m）；

　　　d——测量距离（3m 或 10m，典型值）。

假设导线短于 $1/2\lambda$，则

◆笔记◆

天线(远场)关系

增益,dBi 转换为数值:
$$\text{Gain}_{\text{numeric}} = 10^{(\text{dBi}/10)}$$

增益,数值转换为 dBi:
$$\text{dBi} = 10\log(\text{Gain}_{\text{numeric}})$$

增益(dBi)转换为天线系数:
$$\text{AF} = 20\log(\text{MHz}) - \text{dBi} - 29.79$$

天线系数转换为增益 dBi:
$$\text{dBi} = 20\log(\text{MHz}) - \text{AF} - 29.79$$

给定功率(W)、增益(数值)、距离(m)下的场强:
$$\text{V/m} = \frac{\sqrt{30 \times W \times \text{Gain}_{\text{numeric}}}}{m}$$

给定功率(W)、增益(dBi)、距离(m)下的场强:
$$\text{V/m} = \frac{\sqrt{30 \times W \times 10^{(\text{dBi}/10)}}}{m}$$

给定场强(V/m)、天线增益(数值)、距离(m)时所需发射功率:
$$W = \frac{(\text{V/m} \times m)^2}{30 \times \text{Gain}_{\text{numeric}}}$$

给定场强(V/m)、天线增益(dBi)、距离(m)时所需发射功率:
$$W = \frac{(\text{V/m} \times m)^2}{30 \times 10^{(\text{dBi}/10)}}$$

◆笔记◆

不同发射机电场功率水平

不同位置处电场强度与发射功率的关系，如表 4 所列。

表 4　不同位置处电场强度与发射功率关系

输出功率 P_{out}/W	电场强度／（V/m）		
	1m 处	3m 处	10m 处
1	5.5	1.8	0.6
5	12.3	4.1	1.2
10	17.4	5.8	1.7
25	27.5	9.2	2.8
50	38.9	13.0	3.9
100	55.0	18.3	5.5
1000	173.9	58.0	17.4

假设天线增益数值为 1，或各向同性，测量在远场且频率大于 100MHz。

使用分贝（dB）

分贝是一个比率：

・增益 $=P_{out}/P_{in}$，其中 P 为功率。

・增益（dB）$=10\log(P_{out}/P_{in})$，其中 P 为功率。

・增益（dB）$=20\log(V_{out}/V_{in})$，其中 V 为电压。

・增益（dB）$=20\log(I_{out}/I_{in})$，其中 I 为

电流。

注意:对于由电压和电流计算增益(dB)的公式,输入和输出阻抗必须相同。

此外,dB 还使用以下形式:

- dBc(相对于载波电平)。
- dBm(相对于 1mW)。
- dBµV(相对于 1µV)。
- dBµA(相对于 1µA)。

功率比:

3dB=2 倍(或 1/2)的功率。

10dB=10(或 1/10)功率。

电压与电流比:

6dB=电压/电流的 2 倍(或 1/2)。

20dB=10(或 1/10)电压/电流。

dBm、dBµV、dBµA 相关换算关系如表 5 所列。

表 5　dBm、dBµV、dBµA 相关换算关系

电压到 dBV	dBV=20log(V)
电压到 dBµV	dBµV=20log(V)+120
dBV 到电压	$V=10^{(dBV/20)}$
dBµV 到电压	$V=10^{((dBµV-120)/20)}$
dBV 到 dBµV	dBµV=dBV+120
dBµV 到 dBV	dBV=dBµV−120
dBm 到 dBµV (在 50Ω 系统中)	dBµV=dBm+107

续表

电压到 dBV	dBV=20log（V）
dBm 到 dBµA （在 50Ω 系统中）	dBµA=dBm+73
dBµV 到 dBµA （在 50Ω 系统中）	dBµA=dBµV−34

注：对于电流关系，用 A 代替 V。

log 特性：

若 $Y=\log X$，则 $X=10^Y$。

log1=0

大于 1 的数的对数为正；小于 1 的数的对数为负。

$\log(A \times B) = \log A + \log B$

$\log(A/B) = \log A - \log B$

$\log A^n = n \times \log A$

"S" 单位与 dBm、dBµV、µV 之间的换算关系如表 6 所列。

表 6 "S" 单位与 dBm、dBµV、µV 之间的换算关系

"S"单位	dBm	dBµV（50Ω）	µV（50Ω）
S9+30dB	−43	64	1583
S9+20dB	−53	54	500.5
S9+10dB	−63	44	158.3
S9	−73	34	50
S8	−79	28	25

◆笔记◆

续表

"S"单位	dBm	dBμV (50Ω)	μV (50Ω)
S7	−85	22	12.5
S6	−91	16	6.25
S5	−97	10	3.13
S4	−103	4	1.56
S3	−109	−2	0.78
S2	−115	−8	0.39
S1	−121	−14	0.20

注意，正如20世纪40年代柯林斯电台所定义的那样，表6中"S9"对应50μV。有些接收器的校准方式不同。目前很少有业余接收器遵循这个标准，所以可能需要考虑"S"单位作为相对单位。

也要注意，S1（−121dBm）也是窄带FM（NBFM）的典型12dB信噪比点。

功率数值上的比率关系，可换算成功率对应的分贝形式，也可换算成电压/电流对应的分贝形式，常见对应关系如表7所列。

表7 常用功率数值比率与对应功率（dB）、电压/电流（dB）之间的换算关系

比率	功率	电压/电流
0.1	−10dB	−20dB
0.2	−7.0dB	−14.0dB

续表

比率	功率	电压/电流
0.3	−5.2dB	−10.5dB
0.5	−3.0dB	−6.0dB
1	0dB	0dB
2	3.0dB	6.0dB
3	4.8dB	9.5dB
5	7.0dB	14.0dB
7	8.5dB	16.9dB
8	9.0dB	18.1dB
9	9.5dB	19.1dB
10	10dB	20dB
20	13.0dB	26.0dB
30	14.8dB	29.5dB
50	17.0dB	34.0dB
100	20dB	40dB
1000	30dB	60dB
1000000	60dB	120dB

◆▶笔记◆▶

将功率扩大2倍相当于功率增加了3dB，也相当于电压或电流增加了6dB。

将功率乘以10，功率就增加了10dB。电压或电流乘以10，等于增加20dB。除以10，相当于减少了10dB的功率，或者降低了20dB的电压或电流。

推荐软件

软件可以通过互联网搜索获得，或在 iTunes 及 Google Play 中搜索获取。

PC 端

Ekahau Wi-Fi Scanner（www.ekahau.com）；

inSSIDer（www.inssider.com）；

Kismet（www.kismetwireless.com）。

Macintosh

Wi-Fi Explorer（www.adriangranados.com）；

Wi-Fi Scanner（www.netspot.com）。

iPad/iPhone

dB Calc（计算/转换 dB）；

E Formulas（多种与电子相关的公式和计算器）；

Interference Hunter from Rohde & Schwarz（包括频率查询、谐波计算器、无线计算器和可缩放的美国频谱分配图）；

LineCalc（同轴电缆损耗和电气长度计算工具）；

μWave Calc from Keysight Technologies（μW/RF 计算器）；

RF Tools from Huber+Suhner（用于反射、频率/波长、信号延迟、阻抗和 dB 的射频工具）；

RF Toolbox Pro（一个全面的与 RF 相关的工具和参考资料集合）。

Android

dB Calculator from Rohde & Schwarz（dB 转换）；

Interference Hunter from Rohde & Schwarz（包括频率查询、谐波计算器、无线计算器和可缩放的美国频谱分配图）；

RF & Microwave Toolbox（由 Elektor 编写的一套射频工具）；

RF Engineering Tools（由 Freescale 开发，一个用于射频和微波设计的计算器和转换器的汇编）；

RF Calculator（由 Lighthorse Tech 开发，计算波长、传输速度）；

EMC & Radio Conversion Utility（通过 TRAC Global 建立，包括转换器、路径损耗、等效全向辐射功率、波长等）。

参考资料

图书

ARRL，*The ARRL Handbook for Radio Communications*，2015.

Gruber，Michael，*The RFI Book*（3rd edition），ARRL，2010.

Loftness，Marv，*AC Power Interference Handbook*（2nd edition），Percival Publishing，2001.

Moell，Joseph and Curlee，Thomas，*Transmitter Hunting: Radio Direction Finding Simplified*，TAB Books，1987.

Nelson，William，*Interference Handbook*，Radio Publications，1981.

Ott，Henry W.，*Electromagnetic Compatibility Engineering*，John Wiley & Sons，2009.

Witte，Robert，*Spectrum and Network Measurements*（2nd Edition），SciTech Publishing，2014.

杂志

In Compliance Magazine（www.incompliancemag.com）；

Interference Technology（www.interferencetechnology.com）；

QST（www.arrl.org）。

有用的网址

ARRL（www.arrl.org）；

ARRL RFI Information（http://www.arrl.org/radio-frequency-interference-rfi）；

FCC（http://www.fcc.gov）；

FCC, Interference with Radio, TV and Telephone Signals (http://www.fcc.gov/guides/interference-defining-source);

IWCE Urgent Communications (http://urgentcomm.com) has multiple articles on;

RFI Jackman, Robin, *Measure Interference in Crowded Spectrum*, Microwaves & RF Magazine, Sept. 2014 (http://mwrf.com/test-measurement-analyzers/measure-interference-crowdedspectrum);

Jim Brown has several very good articles on RFI, including *A Ham's Guide to RFI, Ferrites, Baluns, and Audio Interfacing*: (www.audiosystemsgroup.com);

RFI Services (Marv Loftness) has some good information on RFI hunting techniques (www.rfiservices.com);

Tektronix has a downloadable guide showing examples of various kinds of RF signals (http://info.tek.com/AM-RSA306-e-guide-to-RF-Signals.html);

TJ Nelson, Identifying Source of Radio Interference Around the Home, 10/2007 (http://randombio.com/interference.html)。

■ 生产商和经销商

阿米登（www.amidoncorp.com）——铁氧体、铁粉芯和磁环。
箭头天线（www.arrowantennas.com）——手持八木天线。
蜂窝电子（www.beehive-electronics.com）——近场探测器。
费尔里特（www.fair-rite.com）——铁氧体扼流圈。
肯特电子（www.wa5vjb.com）——PC 板天线。

摩根制造（www.morganmfg.us）——交流线路过滤器。

纳达测试解决方案（www.narda-sts.com）——DF 系统。

雷达工程师（www.radarengineers.com）——用于检测射频干扰的特征分析仪器。

普源精电电子（www.rigolna.com）——频谱分析仪。

罗德与施瓦茨公司（www.rohde-schwarz.com）——DF 系统。

硅递科技（www.seeedstudio.com）——射频探索者频谱分析仪。

信号猎犬（www.signalhound.com）——实时频谱分析仪。

泰克（www.tektronix.com）——实时频谱分析仪。

华尔斯电子（www.we-online.com）——铁氧体扼流圈。

■ 标准组织机构

美国国家标准协会（ANSI）：www.ansi.org。

ANSI 认证 C63：www.c63.org。

美国汽车工程师学会（SAE）：http：//www.sae.org/servlets/works/committeeHome.do？comtID = TEVEES17。

英国电磁兼容行业协会：http：//www.emcia.org。

国际无线电干扰特别委员会（CISPR）：http：//www.iec.ch/dyn/www/f?p=103:7:0::::FSP-ORG-ID，FSP-LANG-ID：1298，25）。

国际电工委员会（IEC）：http：//www.iec.ch/index.htm。

加拿大标准协会（CSA）：www.csa.ca。

美国联邦通信委员会（FCC）：www.fcc.gov。

国际标准化组织（ISO）http：//www.iso.org/iso/home.html。

日本干扰控制志愿者委员会（VCCI）：http：//www.vcci.jp/vcci e/。

IEEE 标准协会：www.standards.ieee.org。
SAE 电磁兼容标准委员会：www.sae.org。

■ 常用符号

A：安培，电流单位。

AM：幅度调制（调幅）。

cm：厘米，1m 的百分之一。

dBc：载波下的 dB。

dBm：相对于 1mW 的 dB。

dBμA：相对于 1μA 的 dB。

dBμV：相对于 1μV 的 dB。

E：电磁场的电场分量。

E/M：远场中电场强度（E）与磁场强度（H）之比，它是自由空间的特性阻抗，约为 377Ω。

GHz：吉赫，10 亿 Hz。

H：电磁场的磁场分量。

Hz：赫兹，频率的测量单位。

I：电流。

kHz：千赫，1000Hz。

MHz：兆赫，1000000Hz。

m：米，公制中长度的基本单位。

mil：长度单位，英寸的千分之一。

mW：毫瓦（0.001W）。

mW/cm^2：毫瓦每平方厘米（0.001W 每平方厘米），功率密度单位，$1mW/cm^2=10W/m^2$。

R：电阻。

V：伏特，电压、电位单位。

V/m：伏特/米，电场强度单位。

W/m^2：瓦特每平方米，功率密度单位。$1W/m^2=0.1mW/cm^2$。

λ：波长，波在一个完整振荡周期内传播的距离。

Ω：欧姆，电阻单位。

参考：ANSI/IEEE 100—1984，IEEE 标准电气电子术语词典，1984.

■ 术语及定义

AM（幅度调制，调幅）：一种通过改变载波振幅把信息加到正弦载波信号上的技术。

ARRL：美国无线电转播联盟，美国业余无线电爱好者的全国性组织。

Audio Rectification（音频整流）：半导体结可以解调射频频率，通过改变电压偏置水平模拟电路状态，尤其在音频调制依赖于射频载波频率的情况下。

BDA（双向放大器）：用于提高大型建筑物内移动电话的覆盖范围。

Capture Effect（捕获效应）：FM 接收机的一个问题，较弱的接收信号被较强的信号完全阻断。

CE（传导发射）：由电子设备产生的射频能量，在电力电缆上传导。

CI（传导抗扰度）：测量电子产品对耦合到电缆和电线上的射频

能量的抗扰度。

CISPR：国际无线电干扰特别委员会的法文首字母缩写。

Conducted（传导）：通过电缆或 PC 板连接传输能量。

Coupling Path（耦合路径）：将能量从噪声源传输到受干扰电路或系统的结构或介质。

CS（传导敏感度）：耦合到 I/O 电缆和电源线上的射频能量或电噪声对电子设备的干扰。

CW（连续波）：振幅和频率恒定的正弦波。

dBc：低于载波振幅的 dB 值。与主载频有关的谐波或杂散发射的一个相对值。

Demodulation（解调）：从射频载波中分离基带信息（音频等）的过程。

DF（测向）：一种用于定位射频干扰源的技术。

EMC（电磁兼容）：产品在预期的电磁环境中共存而不造成或遭受破坏或损坏的能力。

EMI（电磁干扰）：当电磁能量从电子设备通过辐射或传导路径（或两者）传输到受损害的电路或系统时，导致受损害的电路紊乱。

ESD（静电放电）：由于电火花或二次放电引起的电流突然激增（正或负），导致电路中断或部件损坏。典型的特征是上升时间小于 1ns，总脉冲宽度为微秒量级。

EU：欧盟。

Far Field（远场）：当与辐射源的距离足够远时，辐射场可以被认为是平面的（或平面波）。大多数远场的定义都假设由磁波照射口径相位差在 1/6 波长时满足远场条件，此时认为电场随着距离的增加而减小。

FCC：美国联邦通信委员会。

FM（调频）：一种通过改变载波频率将信息输入正弦"载波"信号的技术。

HF：高频。

HVAC：供暖，通风和空调。

IEC：国际电工委员会。

IEEE：电气与电子工程师协会。

IF：中频。

IM：互调。

IMD：互调失真。

Industry Canada（加拿大工业部）：相当于美国联邦通信委员会的加拿大机构。

Intermodulation Distortion（Transmitter，Receiver）互调失真（发射机，接收机）：没有一个放大器是完全线性的，因此，当两个或多个信号出现在输入端时，放大器中的信号混频后会在输出端产生假信号（通常是不希望的）。在无线电接收机中，当输入端出现两个或多个强信号站的不同频率时，会产生互调失真（IMD），显示为在一个频率上出现一个不需要的"幻像"信号。发射机内部产生的 IMD 也可能显示为出现超出其正常预期带宽的辐射。值得注意的是，IMD 频率在数学上与引起它们的信号相关。请参阅本指南或 *ARRL RFI Book* 第 3 版第 13 章中的干扰类型。

I/O：输入 / 输出，通常指连接到产品的电缆。

ISM（工业、科学和医疗设备）：一类电子设备，包括工业控制器、测试和测量设备、医疗产品和其他科学设备。FCC 第 18 部分的规则适用于 ISM 设备，一些消费设备也属于第 18 部分。这些设备包括电子荧光灯镇流器、工作频率高于 9kHz 的节能灯、微波炉和一些超声波珠宝清洁器。在这些情况下，射频都直接转换成其他形式的能量。

　　ITE（信息技术设备）：一类电子设备，涵盖包括计算机、打印机和外部外围设备等一系列设备，还包括电信设备和多媒体设备。FCC 第 15 部分的规则适用于 ITE 设备。

　　ITU：国际电信联盟。

　　IX：FCC 指定的干扰名称。也可缩写为 RFIX。

　　LED：发光二极管。

　　LMR（陆地移动无线电）：主要是公共服务和商业双向无线电系统。

　　MF：中频。

　　Near Field（近场）：与辐射源的距离足够近，以致于认为其场是球形而不是平面的。通常认为距离辐射源不到 1/6 波长。在近场内，电场一般随距离的平方而减小，磁场一般随距离的立方而减小。

　　Noise Source（噪声源）：对其他电路或系统产生电磁干扰或中断的源。

　　NTIA（国家电信和信息管理局）：执行和管理所有美国联邦机构射频频谱分配的组织。

　　OFCOM：相当于美国联邦通信委员会的英国机构。

　　PLN：电力线噪声。

　　PLT（电源线瞬态）：电源输入（直流电源或交流电源）的电压突然的正或负浪涌。

　　Radiated（辐射）：通过天线或线圈在空间中传输的能量。

　　RBW：分辨率带宽。

RDF（无线电测向）：也称为 DF。

RE（辐射发射）：由电路或设备产生的能量，直接从设备的电路、底盘和/或电缆辐射出来。

RF（射频）：用于通信的电磁辐射频率。

RFI（射频干扰）：电子设备或系统由于无线电频率（通常是几千赫到几吉赫）的电磁辐射而中断工作。也称 EMI。

RFIX（也称 RF IX）：FCC 指定的射频干扰。

RI（辐射免疫）：电路或系统对耦合到底盘、电路板和/或电缆的辐射能量免疫的能力。也称辐射敏感性（RS）。

RPU：远程中继。

RS（辐射敏感性）：设备或电路承受或拒绝附近辐射射频源的能力。也称辐射免疫（RI）。

Rusty Bolt Effect（生锈的螺栓效应）：两块金属之间的腐蚀或生锈会产生半导体二极管效应。虽然该效应会导致外部互调失真，但产生的有害干扰极为有限，且作用距离很短。

Spurious Emissions（杂散辐射）：通常由于放大器电路中的非线性而引起的辐射。这也可能是由于发送器过度驱动引起的。

SSB：单边带。

SW：短波。

TVI（电视干扰）：对电视视频或音频的干扰。

UHF：超高频。

UPS：不间断电源。

VHF：甚高频。

Victim：电子设备、部件或系统受到电磁干扰，导致电路紊乱。

VSWR（电压驻波比）：一个测量负载阻抗与传输线匹配程度的

参数。这是通过将驻波峰值处的电压除以驻波零点处的电压来计算的。一个好的匹配比小于 1.2∶1。

WISP（无线互联网服务器）：这些大型 Wi-Fi 系统安装在大型商业建筑，如酒店、企业或公共区域。

XTALK（串扰）：两条线路之间的电磁耦合现象量度。这是两条线路走线之间的常见问题。

作者简介

Kenneth Wyatt（肯尼思·怀亚特）拥有生物学和电子工程学双学位，曾在多家航空航天公司担任产品开发工程师10年，项目涉及直流-直流电源转换器、船载和空间平台射频与微波系统。20多年来，他在科罗拉多州斯普林斯的Hewlet–packard公司和Agilent Technologies公司担任EMC高级工程师。作为一位多产的作家和演讲者，他曾为多家杂志撰写或讲解包括EMC产品设计和故障排除在内的主题，并与他人合著了广受欢迎的《EMC袖珍手册》（*EMC Pocket Guide*）和《产品设计师EMI故障排除手册》（*EMI Troubleshooting Cookbook for Product Designers*）。他目前是EDN.com EMC博客的作者。

Michael Gruber（迈克尔·格鲁伯）在加入ARRL之前曾是一名电气工程师，在航空航天领域从事测试、仪器和测试设备设计。他拥有布里奇波特大学的BSEE学位和哈特福德州立技术学院的ASET学位。自2002年以来一直在ARRL RFI服务台工作，主要协助处理干扰事宜并与FCC合作。他撰写了大量文章并编辑了主要与RFI相关的ARRL书籍，包括*The ARRL RFI* (3rd Edition)。

内容简介

本书是一本有关射频干扰的参考手册。本书既描述了射频干扰的基本原理、类型和样式,也给出了识别、定位和处理射频干扰的一般步骤、方法和实用工具包,还介绍了美国联邦通信委员会和欧盟对于射频干扰相关方面的规则,以及常用的软件和可以购买相关器件的生产商和经销商网址等。

本书可作为电磁兼容工程师、无线电爱好者查阅、操作手册,对于从事射频干扰相关领域研究的人员来说,也是一本很好的参考书。